花瓶盆景制作技法

林鸿鑫 张奋洲 赵雅斌 主编

摄影 黄玉煌 李晨

主编 林鸿鑫 张奋洲 赵雅斌

编委 赵雅斌 张书平 陈习之 张奋洲
郭少波 林迪 林静 陈凯
廖桂价 曾祥忠 梁久安 李虎文
陈德光 彭勇 张辉民 伍建立

时代出版传媒股份有限公司
安徽科学技术出版社

图书在版编目(CIP)数据

花瓶盆景制作技法 / 林鸿鑫,张奋洲,赵雅斌主编. --合肥:安徽科学技术出版社,2020.8
ISBN 978-7-5337-8092-0

Ⅰ.①花… Ⅱ.①林…②张…③赵… Ⅲ.①盆景-观赏园艺 Ⅳ.①S688.1

中国版本图书馆 CIP 数据核字(2020)第 001430 号

HUAPING PENJING ZHIZUO JIFA
花瓶盆景制作技法　　林鸿鑫　张奋洲　赵雅斌　主编

出 版 人:丁凌云　选题策划:刘三珊　责任编辑:刘三珊　田　斌
责任校对:王　静　责任印制:李伦洲　装帧设计:冯　劲
出版发行:时代出版传媒股份有限公司　http://www.press-mart.com
安徽科学技术出版社　http://www.ahstp.net
(合肥市政务文化新区翡翠路 1118 号出版传媒广场,邮编:230071)
电话:(0551)63533330
印　　制:安徽联众印刷有限公司　电话:(0551)65661327
(如发现印装质量问题,影响阅读,请与印刷厂商联系调换)

开本:787×1092 1/16　印张:7.5　字数:192 千
版次:2020 年 8 月第 1 版　2020 年 8 月第 1 次印刷

ISBN 978-7-5337-8092-0　定价:70.00 元

序

我已经记不清，这是第几次为中国盆景艺术大师林鸿鑫先生的专著写序文了。

原因非常简单，就是林大师虽然已是古稀老人，但是林大师所追求盆景创新的脚步始终就没有停歇过。尤其是，他在盆景美学理论创作上始终是笔耕不辍。

静下来想想，每一年林大师都会有惊人的举动。

就在2018年，正是这位年逾古稀的老人，将自己用毕生心血培育的34件盆景精品，无偿地捐赠给了中国园林博物馆。只为将中国的盆景艺术发扬光大，并将盆景艺术事业代代相传的希望，寄托给所有热爱盆景的下一代！

这一举动再次向世人展现了林鸿鑫作为中国盆景艺术大师所表现出来的大师风范，其捐赠意义极其深远！

今天看到了林鸿鑫大师与张奋洲、赵雅斌编著的新作《花瓶盆景制作技法》真是喜出望外。这本新书是继《中国山水盆景艺术》《中国树石盆景艺术》《紫砂盆景艺术》后的又一创新成果。这正是我一贯倡导的盆景艺术要不断创新的具体体现。

当我看到形态各异、造型独特、想象力极其丰富的花瓶盆景，真的是眼前一亮。五光十色的花瓶竟然也能被盆景造型所利用；也能为盆景制作的创新“派上用场”；也能为盆景赏析者带来审美愉悦。真是匠心独特！

在中国盆景界，关于盆景制作创新的议题始终就没有句号，大家几乎每天都在探索、思考、讨论，盆景制作、造型、培育、养护等如何创新。讨论最热烈的话题，莫过于在盆景制作方面的创新。思想性与艺术性的高度融合，是盆景创作的最高境界。

中华文化，源远流长，心手相连，盆景美学更要认真实践。

广大读者很期待早日看到《花瓶盆景制作技法》正式出版。同时也希望林鸿鑫大师，有更多新作与读者见面！

中国盆景艺术家协会创会会长

《中国花卉盆景》杂志创刊人　苏本一

作者简介

林鸿鑫简介

林鸿鑫，1937年出生，浙江温州人，中国民主促进会会员。高级园林工程师，中国盆景艺术大师，浙江红欣园林艺术有限公司创始人，温州市红欣盆景艺术博物馆荣誉馆长，深圳市东湖公园盆景世界总裁，深圳市盆景协会荣誉会长，温州市非物质文化遗产传承人。

先后出版了《中国盆景造型艺术全书》《树石盆景制作与赏析》《中国树石盆景艺术》《中国山水盆景艺术》《紫砂壶盆景艺术》《中国温州茶花鉴赏》等多部专著。

1997年为迎接香港回归，应深圳市人民政府邀请，与深圳东湖公园联合创办了“盆景世界”。“盆景世界”占地面积达2万余平方米，数量达3000余盆，是目前为止华南地区规模最大、品种最多、集各盆景流派于一体的盆景园。先后多次参加全国、各地区盆景展览，荣获金、银、铜牌150多枚，并在园内举办多次盆景展、盆景艺术培训及国际交流。2002年“盆景世界”被评为深圳八大生态景观之一，2005年被列入中国盆景名园。

林鸿鑫原创性地运用盆景的形式复原富春江风貌，首次将中国画融入盆景创作，创作了41米长的画卷式的“富春山居图”树石盆景。这一超大盆景的诞生，为中国绘画与盆景艺术的融合开创了先河。

林鸿鑫老人思维敏捷，近年又在盆景园创作了诸多的花瓶盆景，他将中国的陶瓷艺术与中国的盆景艺术有机结合在一起，创造出美轮美奂的花瓶盆景。

前言

在诸多好友表示祝贺的时候，令我深有感触的不仅是书稿的完成，更是花瓶盆景像十月怀胎那样漫长而艰辛的孕育过程。盆景这门艺术，与音乐、美术最大的不同，就是它本身拥有生命的灵性。本人做了几十年的园艺盆景，尝试了各种不同的盆景类型，不免有疲惫的时候，但从没有感到过厌烦。尤其近几年在花瓶盆景上煞费苦心，不断尝试，一系列花瓶盆景的新作陆续问世，使得我更像一位母亲，充满了期待和自豪感。

我常常惊异地反思，一个人的兴趣竟然可以一辈子经久不衰。兴趣甚至变成一种信仰，然后转化成一种持久的力量。在这种力量的驱使下，我能几十年如一日、矢志不渝地带领大家对每一株盆景花木耐心侍奉、精细管理，呵护其几乎觉察不到却日新月异的成长，这才应当是更值得珍惜和探究的东西。

尤其是花瓶盆景的制作过程，更能体现盆景人的这份情怀。花瓶的优势在于其本身千姿百态，极尽妖娆。做好了则如贵妃出浴，夺人眼球；做不好则有失轻佻，似东施效颦。在盆景的培育和制作过程中，像对待人的生命一样的敬畏，充分体现既师法自然、尊重自然，又关爱生态的精神。通过取舍、提炼、加工，以独特的洞察力和感受力，抓住自然景物中蕴藏的美，并用精湛的技艺将它们创造出来。让作为盆器的每一个花瓶，每一块山石，每一棵花木重新绽放出更加绚烂的光芒，这是何等美好而又快慰的事情啊！

同时，我常常想，欣赏中国盆景，尤其欣赏花瓶盆景，应当具有文化功底，要了解中国古代文明，诸如中国陶瓷、花瓶、山石、花木等，然后又要像读书那样阅读盆景，欣赏盆景，分析盆景。努力达到八大山人所谓的“谈吐趣中皆合道，文辞妙处不离禅”，即对每一款盆景，尤其对每一款花瓶盆景的妙处都能心领神会，景人融合。

本书的核心内容是花瓶盆景的制作过程。这部分内容利用直观的图片与直白的文字说明，将花瓶盆景的制作流程和盘托出，既为盆景界交流研讨提供了较为宝贵的第一手资料，也可作为大中专院校相关专业师生的教学参考，还为盆景业余爱好者自己制作提供参照。

学无止境，艺无穷期。感谢安徽科学技术出版社刘三珊主任为本书的编辑出版提供宝贵意见。感谢参与花瓶盆景制作的师傅们以及为本书编辑付出努力的所有人员。由于时间仓促，水平所限，该书一定存在不少缺憾和不足，祈愿读者批评指正，也祈愿该书的出版，对中国盆景艺术的创新与发展、对盆景界同仁的艺术探索有所裨益。

林鸿鑫

目 录

一、中国盆景艺术

盆景源于中国，历史悠久，源远流长，是中华传统文化艺术之精粹，是园林艺术之瑰宝。优秀的盆景作品，是自然美与艺术美的巧妙结合，被誉为“无声的诗，立体的画”。

（一）盆景的历史

中华民族的悠久历史孕育了光辉灿烂的中国传统文化，在这文化艺术宝库中，盆景以其独特的艺术魅力和鲜明的艺术特色，流传于世，经久不衰。

1. 孕育期：东汉时期（25—220），我国已掌握了生产日用陶瓷的技术。陶瓷的发展为盆景的栽培提供了重要的物质基础，许多植物可以栽种在陶瓷盆钵中，促进了当时盆栽的发展和推广。如河北望都一号东汉墓中盆植壁画（图1-1）。

2. 形成期：唐代（618—907）是我国封建社会中期的兴盛时代，其经济、政治、外交、文化都达到了鼎盛，并对周边小国产生了前所未有的巨大影响。文化方面，无论是天文学、医药学、宗教学、文学等，都留下了灿烂宝贵的文化遗产。以此为背景，盆景艺术在形式多样、题材丰富、诗情画意等方面，都得到了突飞猛进的发展。如唐代章怀太子墓壁画中侍者手端

图1-1

图1-2

图1-3

树石盆景(图1-2),如唐代《职贡图》,画中有以山水盆景为贡品的进贡形象(图1-3)。

3.发展期:南北宋时期(960—1279),中国的封建社会发展日趋成熟,一种服务于观赏娱乐的新型产业——花卉业,诞生了。盆景的设计、布局以及所追求的诗画意境在很大程度上都受到了绘画艺术的影响,还出现了研究山石的专著。如杜绾的《云林石谱》一书中记载有石品达116种之多。南宋时期王十朋,所著《岩松记》是我国最早传播树石盆景的著作(图1-4)(图1-5)。

4.成熟期:中国盆景发展到了明清时期(1368—1911),由于两淮盐运业的繁荣,带动苏扬经济的繁荣。园林亦随经济的繁荣逐步兴旺。盆景种植则得到进一步发展,并在东南沿海各地流行,剪扎技艺已较为熟练,盆景进入了巨贾富商的庭院。如明代仇英《金谷园·桃李园图》图中绘有牡丹花台、大型山茶盆景(图1-6),《乾隆皇帝抚琴图》图中乾隆皇帝正专心致志地弹琴,园丁们正在养护盆景(图1-7)。

图1-4

图1-5

图1-6

图1-7

当时，盆景在形式上已开始有树木、山水不同类别的区分，不仅造型丰富多彩，而且讲究意境，盆景专家应运而生，有关盆景的著作不断出现。清末、民国到新中国成立前，外受列强侵略，内遭年年战乱，国运不振，盆景一度衰落。

5. 繁荣期：新中国成立以后，中国盆景逐步进入兴旺期，20世纪80年代开始进入了快速发展的阶段，1979年国家城市建设总局为振兴盆景在北京北海公园举办首届"全国盆景展览"，有13个省、市，54家单位的1 100件盆景参加展出。之后中国风景园林学会、花卉盆景赏石分会经常组织全国盆景展览，将盆景产业不断推向新高潮。

1988年，苏本一先生组建中国盆景艺术家协会，创办了《中国花卉盆景》杂志。一代盆景宗师贺淦荪教授创办了《花木盆景》杂志，并开启了动势盆景造型创新的先河（图1-8）。

图1-8

改革开放以来，各级盆景协会组织承办了无数次盆景展览、技艺表演、学术研讨会、技术培训，全国各地涌现了大批盆景人才。评选出了一批盆景大师，形成了盆景艺术创作、创新的有生力量。

近年来，北京林业大学盆景学知名教授彭春生先生，先后出版了《盆景学》《中国盆景流派技法大全》，清华大学博士生导师李树华先生，出版了《中国盆景文化史》，盆景大师林鸿鑫及张辉明先生等出版了《中国盆景造型艺术全书》系列书籍并先后编入教材。业界还有许多有识之士，著书立说培养了大批盆景专业人才。

在中华民族传统文化复兴的伟大时代，具有两千多年历史的盆景艺术正以生机勃勃的态势向全世界推进，成为人类的宝贵财富。

（二）盆景的分类

盆景在孕育和发展过程中，借鉴了中国山水画理论与技法，在传统美学理论的影响下逐渐形成了独特的艺术体系，具有自己的艺术形式与艺术语言，在历史的演化中不断探索、创新、完善，目前形成了以树木、山水、树石、竹草、异形、微型、组合七大类别盆景。

1. 树木盆景：树木盆景是以木本植物为主体，通过粗扎细剪的艺术造型手法、表现出节奏分明、抑扬顿挫之韵律，苍劲又流畅，达到“缩龙成寸，小中见大”的艺术效果。经多年栽种培育体现出既有山野自然神韵与风采，又有能工巧匠通过创作达到的艺术美、自然美与艺术美的高度融合，实现“源于自然，高于自然”的创作追求。（图1-9）

2. 山水盆景：山水盆景以丰富多彩的石种为材料，选择外形、石质、纹理、色彩相同的景石进行合理布局，通过锯截、雕琢、选择大小、高低、前后组合成景，安置在不同材料的浅盆内，再点缀树木，配上舟船、人物、亭台、屋宇等配件，经过作者立意和艺术造型，创作出移天缩地的自然山水风貌，达到一峰则泰华千寻，一勺乃江湖万里的神奇效果。（图1-10）

3. 树石盆景：树石盆景是以树木与景石为素材进行艺术创作来表现自然景观的，它综合了树木盆景与山水盆景的各自优势，形成了最完美的艺术形式。只有树与石的结合，形与神的交融，才能丰富自然景观展现天趣。树石结合是全面表现自然美的物质基础，是深入创造意境美的重要途径，树与石、动与静的有机结合，它们相依相融达到最佳的艺术效果。因此树石盆景是当今最具有艺术价值的盆景，起到了引领时代潮流的作用。（图1-11）

图1-9

图1–10

图1–11

4. 竹草盆景：竹草盆景，就是以竹草类植物作为盆景制作的主要素材，根据盆景造型的要求，将草本植物依照作者的构想，进行艺术加工，种植在盆器中，再配以苔藓、景石，布置上屋宇、楼台、人物等配件，具有良好的画面效果。竹草盆景，植物素材普通易寻，用盆也随意方便，制作简单易行。因其秀丽清新、飘逸高雅的艺术造型让人心旷神怡，得到了许多盆景人的喜爱。将其放置在居室、客厅、书房的几架上，成了家庭室内环境绿化的重要饰品。（图1-12）

5. 异形盆景：异形盆景顾名思义有别于传统树木、山水、树石盆景。该类型盆景选用材料、应用盆钵、造型手法，都与主流的盆景有很大的不同，它打破常规，推陈出新，不拘一格，标新立异。它吸取了中华民族传统文化的精髓，在创新的道路上展示出自己的独特魅力，具有更深厚的文化内涵及强烈的艺术感染力，将会迎来更广阔的创作空间。（图1-13）

图1-12

图1-13

6.微型盆景：微型盆景是盆景艺术中的一枝奇葩，它浓缩、概括、凝练、形象地表现了自然美与艺术美，尽管受其空间所限，然而成功的作品却可以使观赏者在有限的空间中感受到无限的想象空间。微型盆景，体量虽小，却一波三折，内容交代得清清楚楚。完全体现大自然的风貌，正如宋代大文豪苏东坡所形容的"五岭莫愁千嶂外，九华今在一壶中"。微型盆景配上红木几架，置于案头之上，日日观赏，美不胜收。(图1-14)

7.组合盆景：组合盆景将不同类型或不同规格的盆景，进行高低错落、疏密有致的搭配，安置在不同材料制成的几架上，组成新的盆景艺术形式。组合盆景具有形式多变、跨越门类、取材无限等优势，在布景时以盆景为主其他为辅，比如陶瓷工艺品、木雕、奇石、白石米、竹席等都可以登场。(图1-15)

图1-14

图1-15

二、花瓶与花瓶盆景

(一)花瓶的起源

花瓶属于陶瓷。陶瓷是陶器与瓷器的总称。瓷器是陶器生产与发展的结晶,是陶器的升级版。因此,准确地说,花瓶属于瓷器。探讨花瓶的起源,就有必要了解陶器的起源。

陶器是用黏土或陶土经捏制成形后烧制而成的器具。陶器历史悠久,在新石器时代就已初见简单粗糙的陶器。陶器的发明是人类利用化学变化改变天然性质的开端。当然当时的人类不懂得化学变化的原理,只是一种感性认识。陶器的出现是人类社会由旧石器时代发展到新石器时代的标志之一。人面鱼纹盆(图2-1),刻花陶盆(图2-2)瓷器是由瓷土,即高岭土加工成形后烧制而成的。瓷器是我国古代的一项重要发明,是我国古代劳动人民为人类文明做出的一项重要贡献。依据考古研究的成果,我国最早发现的原始瓷片标本始于商周时期。那个时期的瓷器生产属于早期和低级阶段,称为原始瓷。到了东汉,才完成了原始瓷向瓷器的过渡。浙江上虞小仙坛窑的青瓷罍残片检测证明,东汉中晚期,瓷器烧制已经达到相当高的水平。经历了唐、宋、元、明漫长的发展过程,到了清代,瓷器生产在工艺和产量上达到了历史高峰。尤以景德镇瓷器闻名世界。据明代《天工开物》记载,景德镇制瓷共计一坯之力,过手72道工序方可成器,看似平常的动作,需经师傅数十年的历练方能达到……可见技艺之难之精。

其间,花瓶的生产和发展是瓷器生产和发展的一个重要见证。如唐三彩罐(图2-3),官窑粉青釉瓶(图2-4)。

图2-1

图2-2

图 2-3

图 2-4

(二)瓶花与花瓶

瓶花与花瓶是互为依存、相辅相成的关系。据清代张谦德、袁宏道所著《瓶花谱·瓶史》记载，瓶花艺术或许是源于东汉和魏晋时期的佛前供花。唐宋时期，以瓶插花已经颇为流行。而在晚明的江南园林中，文士阶层对于瓶花的推崇达到了极致。晚明画家陈洪绶的人物图，但凡幽居高士，必然有瓶花为伴。他们或持莲，或赏菊，或折梅，乃至在硕大的花瓶中插一根遒劲的枯枝，亦不乏神来之笔。

古人但凡插制鲜花，首先需要选择花瓶。冬春季节用铜器，秋夏季节

图 2-5

图 2-6

图2-7

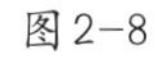

图2-8

图2-9

图2-10

用瓷器。这是依据时节的变化而选择的。古人将花器称为花之金屋或精舍。花器要与所插鲜花匹配，完美相融，方有花艺的独到之美。其中，瓷器一贯是插花的首选。单以花瓶的造型而言，有梅瓶、如意瓶、长颈瓶、葫芦瓶、双耳瓶等。但就插花而论，适合插花的，应当是口小足厚、放置安稳的瓶器。这种择瓶的偏好，自然影响到了当时的瓷业中心景德镇。比如晚明时流行的青花筒瓶，便是适合插花的瓶器。素三彩玉壶春瓶（图2-5），五彩狮子戏球纹玉壶春瓶（图2-6），红地黄缠枝花葫芦瓶（图2-7），五彩西游记故事图罐（图2-8），五彩描金花卉纹胆瓶（图2-9），珐琅彩福寿连绵双耳瓶（图2-10）。

图2-11

图2-12

图2-13

图2-14

图2-15

图2-16

“堂厦宜大，书室宜小”，在华堂之中，以大瓶来插花，多是插牡丹，显得华丽大气。居室中的插花，则以小巧灵动为旨意，如折取一束淡雅的栀子花，或几枝馨香的桂花，插入瓶中，满室清芬，令人见之忘俗，居室的整体格调更显出高洁素雅。春之水仙（图2-11），夏之菖蒲（图2-12），秋之菊花（图2-13），冬之蜡梅（图2-14），王时敏午瑞图景（图2-15），焦秉贞清供图（图2-16），

（三）花瓶盆景的产生

花瓶盆景是中国盆景艺术大师林鸿鑫先生在中国盆景品类上的创新成果。几十年来，林鸿鑫先生与夫人陈习之女士在中国盆景园地里辛勤劳作，研究实践，著书立说，孜孜追求。他们的优势在于拥有关于盆景艺术的实业，有良好的盆景园地，为他们深入细致的实践活动提供了物质条件。同时，他们又有理论上的追求和积累。他们与深圳东湖公园合办的“盆景世界”于2005年被列为“中国盆景名园”。他们还创建了“温州市红欣盆景艺术博物馆”。他们夫妇先后出版了《中国盆景造型艺术全书》《紫砂壶盆景艺术》等多部专著。他们于2011年创造出紫砂壶盆景。紫砂壶造型优美，透气性好，传热慢，适合植物栽培，而且与茶文化一起历史悠久，内涵丰富。紫砂壶盆景成为中国盆景品类中的一朵奇葩。

近年来，林鸿鑫夫妇深入学习研究了花瓶以及瓶花的历史沿革及发展。花瓶和瓶花虽然由来已久，但是一直以来，花瓶的构造不适合种植有生命力的花木，而瓶花一直是剪插性的作品，仅可提供较为短暂的观赏，瓶花并没有获得长久的生命。另外，剪插瓶花与保护绿色植物的现代文明产生矛盾。艺术的生命在于创新。如何使得花瓶与瓶花艺术突破传统，发扬光大，成为林鸿鑫大师思考研究的一个课题。在紫砂壶盆景的创作基础上，他们悉心琢磨，大胆构思，利用现代发达的电动工具，突破花瓶的固有格局，在花瓶中营造适合植物生长的局部环境。屡次尝试，反复调整，花瓶盆景在他们的创意与实践中脱颖而出。

花瓶盆景是继紫砂壶盆景之后的另一朵奇葩。它赋予了花瓶新的艺术含义和生命意义，也给盆景艺术增加了新的样式和看点。有诗赞曰：

白玉金边素瓷胎，雕龙描凤巧安排；玲珑剔透万般好，静中见动青山来。

花瓶盆景的美不言而喻。

下面是一组花瓶盆景制作的先期作品。它们在传统剪插瓶花的基础上实现了质的飞跃。即在花瓶中栽植了永久性成活的植物。为控制湿度，保证植物生长，仅在花瓶底部钻了漏水孔，再不对花瓶作其他加工，保留了花瓶完整的体形和本来的美。这也是这一类花瓶盆景制作的靓点，不足之处是有的花瓶的瓶颈瓶口较为细小，不适合栽植花木。因此，这一类型的花瓶盆景既是瓶花与花瓶盆景的过渡性产物，也是花瓶盆景中有其独立风格的作品。

吐蕊：这是一个小巧玲珑的景泰蓝花瓶，它的高仅有一尺左右。瓶身“花开富贵”四个字若隐若现，烘托了它的幽雅。更为奇绝的是瓶口有一株犹如金钩倒挂的猴子般的李氏樱桃，它弯曲的腿和脚牢牢地钩住了花瓶，然后柔美的身段向下伸展，再生出像千手观音似的枝条，在翠翠的绿叶间，竟然开出朵朵粉花。整作态势灵动而又均衡，花繁叶茂而又疏密得当，在精致几架的托举下，浓浓地传递出的却是一个“雅”字。（图2-17至图2-19）

图2-17

图2-18

图2-19

三、花瓶盆景的创作理念

（一）花瓶作为盆器的二次创作

1. 花瓶二次创作的工具

花瓶本身不具备种植花木的条件，必须经过一番改造，增加花瓶的功能，这就是花瓶作为盆器的二次创作。花瓶的改造很大程度上取决于现代电动工具的出现。或者说现代电动工具为花瓶的二次创作提供了可能。俗话说"没有金刚钻，不揽瓷器活"，就说明工具的重要性。花瓶作为盆器二次创作的电动工具有电锯、电钻、电磨石等。

2. 花瓶二次创作的基本原则

（1）观赏性：花瓶本身就有着千姿百态的观赏价值，将花瓶替代花盆，是花瓶观赏功能的进一步开发利用，因此，二次制作仍然要围绕其观赏性进行。操作前应仔细观察，认真构思，因势利导，像庖丁解牛，心中有数。尽量维护其原来形状的基本结构，利用其原有图案的整体完美，使其原有图案成为盆景制作的有益元素。

（2）实用性：花瓶作为盆器二次创作的最根本的目的就是让其具备花盆的功能。即可以种植花木，且具备花木成活的条件。同时，其空间可安置微型山石等。二次制作就是围绕这一目的进行的。

（3）耐久性：花瓶是比较娇贵的器物，二次创作时要考虑到其质地特性、考虑到其新结构的稳定和搬运管护中的安全，要力求防止破碎、坚固耐用。

（二）美学原理应用于花瓶盆景

花瓶盆景创作中所借鉴的美学理念其实与其他盆景是相通的。

1. 以人文思想为核心的创作原则

儒、道、禅三大哲学思想是中国艺术构成的基石。艺术创作的责任在于"成教化，助人伦"。儒学的人道主义、博爱精神与人格修养是艺术家立身处世的准则。孔子倡导的无谄、无骄、勤事、慎言、笃学、刚毅等优秀品德，庄子的"天人合一""物我两忘"的至高境界都是盆景作者需要修炼和追求的目标。

总之，应当把上述理念融合在盆景创作的设计思路中，把对生命的敬畏、对物力的珍惜、对自然的热爱、对艺术的执着融入到花瓶盆景的创作之中。

2. 全方位观赏的原则

艺术品的直接意义既可供观赏，又可娱人耳目。但是观赏一幅画与观赏一幅盆景的最大区别在于，画是平面的，盆景是立体的。一般情况下观者可以在一个位置看清一幅画作的全部，而在一个位置不可能看清一幅盆景的全部。欣赏一幅盆景作品往往需要上下、前后、左右的全方位的观察，所谓“移步换景”“边走边看”，满足“看得透，窥其穿”的观赏心理。为此，盆景创作过程中虽然存在正反主次，但是应当做到面面俱到，面面精致，面面是景，一步一景。

3. 构图的形式美原则

（1）运用好观众的视觉心理。一切物象必须通过视觉器官和视觉神经所产生的心理感应，才能反映出来。视觉心理的一个很重要的功能就是联想，通过联想对直觉中的事物进行分析、补充、纠正、综合，实现一舟见水、一石见山、一木见林、一僧见寺的观感效果。

（2）运用好起承转合的布局方式。“起”一般指近景，需大小得宜，显出气势；“承”是起与转的过渡；“转”是承接之后的转折变化；“合”是结束，并且与“起”呼应。

潘天寿先生对起承转合有一个很形象生动的描述：“起如开门见山，突见峥嵘；承如草蛇灰线，不即不离；转如洪波万顷，必有高源；合则风回气聚，渊深含蓄。”中国画构图的基本规范有“S律动”，起承转合是S律动的具体运用。借鉴于盆景创作，其目的是使得盆景的一景一物、一花一石无不密切相关，浑然一体。

4. 构图的透视与空间原则

（1）远近法。“透视”是由西方绘画体系传入的专业词汇，是指在一个平面上要表现出一个物体的空间、立体的感觉时，由于物体的大小、高低以及观察者视点的位置、方向、远近、角度的不同，而产生的视觉变化。中国画将透视原理称之为“远近法”。根据透视的原理，盆景的布置也是通过远近、大小、轻重、虚实、疏密、强弱等，表达盆景的层次、对比及深远感。

（2）布白。构图的空间原则中一个重要内容就是布白。盆景制作中的布白与绘画中的布白原理相通，即通过对空白的布置利用，达到虚实相生，虚实相谐以及简洁明快的目的。

5. 构图的物象布置原则

（1）开合关系

开与合是物象布置的基本原则，大到整体构成，小到一枝一叶，起手生发之间的相互照应，都属于开合的范畴。所谓上开下合，下开上合，左开右合，右开左合，错落有致方能构成变化。

一大一小、一轻一重、一长一短、一纵一横，都是开合关系的具体运用。

（2）虚实疏密

虚是指空白，实是指实物。所谓"实处之妙，皆因虚处而生"。轻重、厚薄、大小、远近、有无，都是虚实的变化。虚实相生，繁简相托，虚中有实，实中有虚。虚以实救，实以虚救，贵在随机应变。疏密是实物排列之变化，所谓"密不通风，疏可走马"。疏中有密，密中有疏。

（3）动静相依

可动的物象如花草树木、人物、动物等，静的物象如山石、房舍等。以动显静，静中求动，动静互依，动静互补，相辅相成，相映成趣。

（4）均衡合度

均衡是盆景创作中物象置陈矛盾的统一，是对称的升华。是将物象的形态、体积、重量、强弱等各种元素合理配置、组合的结果。以达到视觉的满足，使观者获得一种平衡稳定的视觉感受。其中对"合度"的把握，即是中国画"外师造化""中得心源"的体现。

（5）参差起伏

在整体造型上跌宕起伏、高低错落、参差不齐，才能使得物象的布置生动有致。当起伏、疏密、聚散、动静等元素相互影响、相互作用时，就会有郑板桥所描述的"参差错落无多竹，引得清风入座来"的佳境。

四、花瓶盆景制作过程

（一）《宝瓶托翠》创作实例

1. 制作工具自左至右依次是：雕刻刀，角磨机，云石胶，固化剂，毛刷。

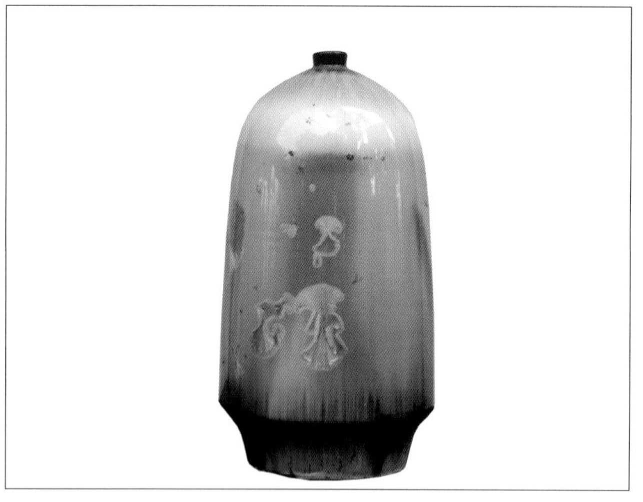

2. 选一个小口径的美人肩结晶釉花瓶作为容器。

3. 在花瓶三分之二位置黄金分割线上设计一个梅花形图案。

4. 创作者戴上手套，使用切割机顺着图案弧形进行切割，然后打磨光滑。

5. 经过第一、二道工序，花瓶顿时就由原来单一供观赏的功能，变成了可以制作花瓶盆景的容器。

6. 再把花瓶倒置，在底部用钻孔机开个洞，以便漏水。

7. 选一棵与容器大小匹配的榕树，该树已经过人工造型为曲干式。

8. 再把榕树从盆中托出，与花瓶比对，进行布局。

9. 在花瓶底部洞口垫放丝网再放瓦片，添加适宜种植的粗粒土。

10. 根据预先的布局，对榕树进行初步修剪、蟠扎。

11. 把榕树从盆中取出梳理、修剪过长的根系，再装入花瓶中，接着倒入细土，进行轻轻摇晃使土粒与根系紧密结合。

12. 根据花瓶的造型将榕树进行定位，将上部分枝条造型往上仰，突显出朝气蓬勃的态势。

13. 根据树木的形态,将靠左边的枝条往下压,飘斜与瓶口呼应。将右边的长枝条调整成流线型,与花瓶形状相得益彰。

14. 为了考虑整体效果,作者又将向上仰的枝条往下压,调整至低于瓶口,形成山高水长的优美景象。

15. 取数块纹理清晰、造型玲珑的灰色英德石镶嵌在色彩斑斓的花瓶上,增加盆景的厚重感。

16. 英德石由外向内不断延伸，形成山体，创造出一件独一无二的“宝瓶托翠”作品。

(二)《玲珑剔透》创作实例

1.选一个产于景德镇的青花瓷宝葫芦花瓶,进行二次创作,上下开了两个互相呼应的框。

2.上方扇形的框内用红玉石在左边堆一组小假山,右边点石进行呼应。

3.上方的假山又增高形成一个金蟾望虹的景象。下方框底部安上一片红玉石,形成平台。

4. 一块红玉石腾空而起如飞来峰一般镶嵌在瓶壁右侧，三组红玉石形成了云梯状。

5. 葫芦瓶底预先钻了孔，垫上丝网，再加土，作种植预备。

6. 选择耐阴耐涝的海南博兰配种在葫芦瓶中。

7. 飞来峰红玉石上也种上博兰与底部的植株形成对应。

8. 飞来峰又增添几块红玉石以防水土流失，也增添了几分色彩。

9. 精致的莲花座上摆放青花瓷宝葫芦花瓶盆景，搭配珍贵的红玉石，显示出作品的高贵典雅。精当的设计，镂空的花瓶，使整个盆景显得玲珑剔透。

（三）《云山雾绕》创作实例

1. 作者选取一盏鹅黄色的大花瓶，备制树石流水式盆景。

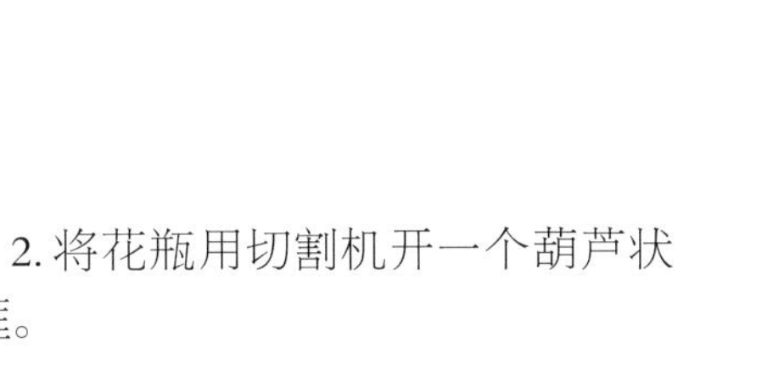

2. 将花瓶用切割机开一个葫芦状的框。

3. 选一块较平整的吸水石铺在花瓶底部适当位置。在花瓶后壁下方开一小口用于安装供电设施。

4. 选择一块形状适中、结构松软，易于造型的吸水石作为载体，并在吸水石背面上端钻个孔安上塑料管。

5. 然后找一条微小于上口的塑料管套进去，再依次套进透明的递减口径塑料管，然后安上水泵。

6. 作者将吸水石雕琢成适合瀑布、流水等功能的、具有一定意趣的山体。

7. 再加上几块吸水石，以丰富山体的结构。

8. 以两块横铺的吸水石打破花瓶的固有局面，为观众创造开阔的视野和想象空间。

9. 在花瓶的左下方预留了一个小空间栽种耐涝的六月雪。

10. 及时给种下的六月雪浇透保活水。

11. 为了保持盆景的天然完美性，作者又把吸水石切成薄片附加在表面。

12. 在花瓶底部灌进足够的水。

13. 插上电源，打开水泵，顿时山泉潺潺，流水叮咚。

14. 再配上雾化器。

15. 插上电源，打开水泵，顿时山泉潺潺，水雾缭绕。秀美景色让人感叹“灵山多秀色，空山共氤氲”。

16. 树石流水花瓶盆景在人造瀑布的作用下可产生负离子。将其置于室内既改善环境，又增强景观效果。

（四）《三位一体》创作实例

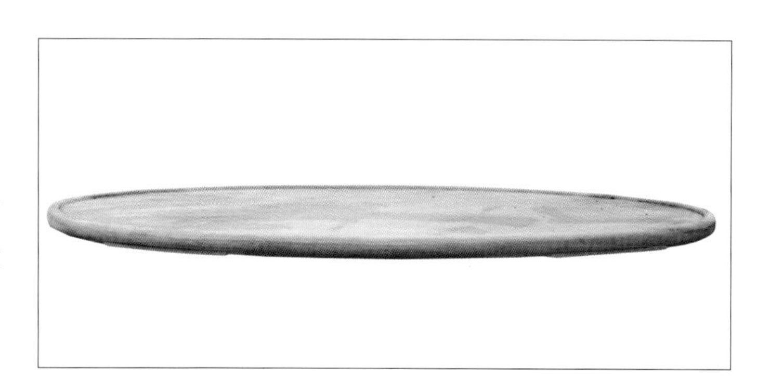

1. 选取一个大理石浅盆作为分合式花瓶盆景的托盘。

2. 将一个高挺的花瓶一分为三来制作分合式的花瓶盆景，首先把花瓶下半部分安置在托盘的左边，种上海南博兰。

3. 再取花瓶的上半部分反扣在主景的右边种上同样的植物，形成主次峰。

4. 在花瓶顶部同时栽种博兰，放置在托盘右侧，使整个景观形成三角形布局。

5. 为了稳固花瓶，作者在主景左方布置了一组英德石，起到以山托瓶的作用。

6. 在次峰右侧添加一组低矮的景石。

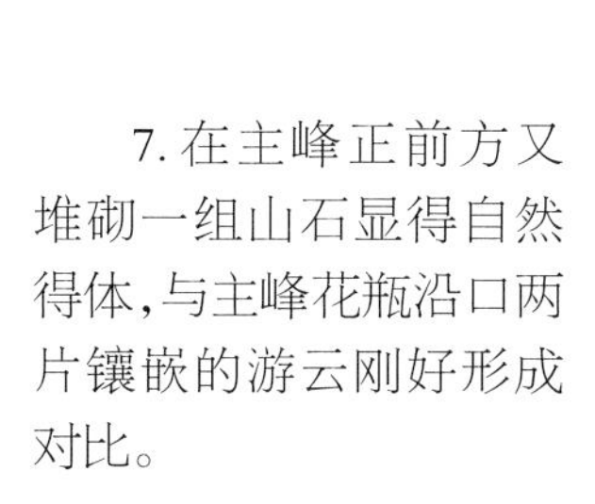

7. 在主峰正前方又堆砌一组山石显得自然得体，与主峰花瓶沿口两片镶嵌的游云刚好形成对比。

8. 在配峰左侧放置了景石，向左延伸与主峰呼应。

9. 继续在配峰的右侧堆砌几块景石，使得山石花瓶相辅相成。此款作品的独特之处在于作者别出心裁，将一个花瓶切割成三段，再进行布局创作。最终达到既一分为三、又三位一体的效果。

（五）《宛如一体》创作实例

1. 取一个椭圆形的大理石浅盆作为单个花瓶盆景的托盘。

2. 选取一个新工艺的瓮式陶盆作盆景容器。

3. 然后用切割机按与外形般配的形状进行开框。

4. 用钻孔机把瓮式花瓶底部钻个洞，便于漏水。

5. 选取一颗与花瓶盆景相适宜的海南博兰进行组合。

6. 对植株进行修剪、蟠扎、造型。

7. 把盆栽的周边土壤撬开轻轻地提起，再梳理根部，剪去过长的根须。

8. 将已开框的瓮式花瓶底部放丝网，再加粗土、细土。

9. 把已造型的博兰植入花瓶内，再加土及少许肥料。

10. 左手扶着植株，右手拿着竹签顺着盆边往树干中心依次插实土壤。

11. 把已创作好的花瓶盆景，放置在托盘左边三分之一的位置上。

12. 作者将三块不同的英德石粘成三角形，并安置在盆景的左侧。

13. 挨着盆边加上几块景石及坡脚形成荡漾的水面。

14. 在托盘后面再加一些远山作衬托，右边堆山成配景，整体造型完毕。

15. 盆面布置一些点石，丰富图面效果。整体黏合好后，再做清理。

16. 花瓶内框再添加几块适中的英德石，铺植青苔，添加屋宇亭台，更体现出虽由人作、宛如天工之妙趣。

(六)《江南水乡》创作实例

1. 选一个椭圆形的大理石浅盆作为双瓶式花瓶盆景的托盘。

2. 取两只大小不一的乳白色花瓶安置在托盘左边，形成山水画的主次峰形态。

3. 用切割机将双线鼓肚式的百裂花瓶进行开框，再打磨使其边缘光滑细腻。

4. 将花瓶倒置用钻孔机进行开洞，以便出水，使植物有良好的生长环境。

5. 依次将球口棒式花瓶开框，成容器，由于瓶小所以开口比较平缓。

6. 两只花瓶开框完毕，安置在托盘的左边，完成花瓶成为盆景容器的第二道创作程序。

7. 根据布置的需要，作者将花瓶向右移动，在左边加上一块英德石。

8. 为了适合栽种植物，将花瓶逆时针调整约35度，继续配石。

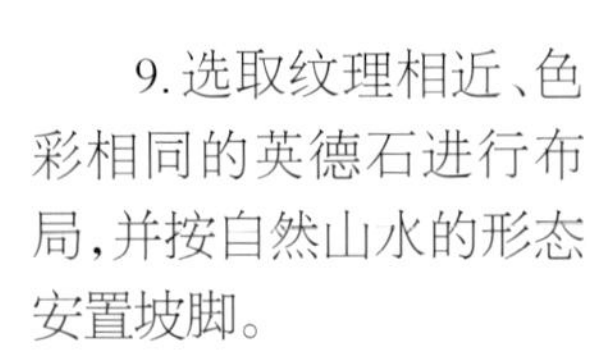

9. 选取纹理相近、色彩相同的英德石进行布局，并按自然山水的形态安置坡脚。

10. 左边的山体基本完成，在右边安置相同的英德石配峰作呼应。

11. 右边的配峰依次添加峰峦起伏、沟壑纵横的小景，以丰富景观效果。

12. 在花瓶底部洞口遮上丝网，放上少许粗泥，然后选择一棵大小相宜、树干制作成月牙弯形的福建茶树。

13. 作者将福建茶树安置在花瓶恰到好处的位置，再修剪掉腋下枝、对称枝、平行枝等多余枝条。

14. 两只花瓶同时种上经修剪蟠扎的福建茶树，其植株叶片细小油绿，衬托出乳白色陶瓷花瓶的高贵典雅。

15. 作者造型基本完成，在瓶内空间山坡等处点缀半枝莲并铺上青苔更显生机盎然。

16.景德镇陶瓷花瓶与广东英德石有机结合，再配上碧绿的福建茶树，创造出一幅江南水乡的美景。

(七)《点睛之笔》创作实例

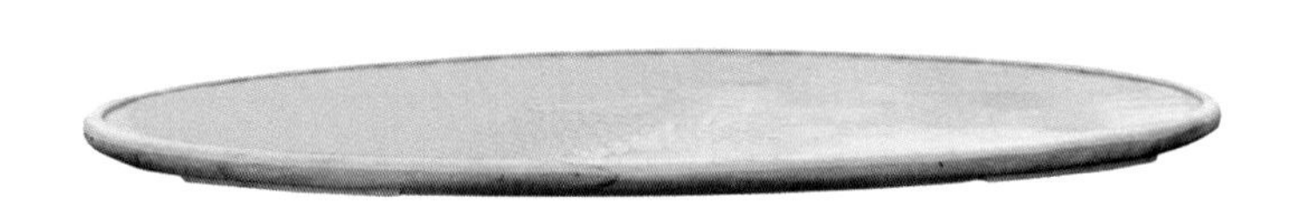

1. 选取一个椭圆形的大理石浅盆作为双瓶式花瓶盆景的托盘。

2. 将一组纹相近、色相谐、形各异的雪花石组合在一起,布置在盆的左端。

3. 在盆的左后方又堆砌一组高耸山体,形成丰富的层次感。

4. 作者将雪花石按纹理依次往右堆砌,形成一个平台为放置花瓶做铺垫,并预留一个空洞,顿感山体灵空透彻。

5. 沿着山体向右后方再布局，留出来放置另外一个花瓶的位置，再堆砌一组与左边相似的小山峦相呼应。

6. 在灰白色的山体之间安放一只开有水纹状框景的中国红陶瓷花瓶，海南博兰从瓶中斜杆而出，形成了红肥绿瘦的鲜明对比。

7. 左边放置一个正面开有椭圆形框景的石榴花瓶，瓶壁镶嵌了两片雪花石犹如彩云悠然自得。一棵虬曲多干的博兰横卧在花瓶中，枝叶繁茂，生机盎然。

8. 白色的托盘显示着海洋的宽阔博大。帆船点点，百舸争流的繁荣景象尽收眼底。厚重的山体托起了两颗明珠般的花瓶，真可谓是点睛之笔。

(八)《龟山再现》创作实例

1. 由于此次创作的是多瓶盆景，所以得选择规格较大的托盘，作为创作的舞台。

2. 在大理石盆左边三分之一的位置上，放两块大小不一的砖块叠加成平台，作为景观中心点。

3. 平台上放置的花瓶盆景是景德镇青花瓷缸式花瓶，配上海南双杆造型的博兰，再配上龟纹石。

4. 作者不但把龟纹石布置在花瓶内胎中，也镶嵌在花瓶的外壁。右边又增加了一块龟纹石，形成自然景观。

5. 在中心花瓶盆景的左边又摆放了一个景泰蓝灯饰花瓶盆景，形成高低的对比。

6. 在灯饰花瓶的左边放置一组龟纹石成了四平八稳的局面。

7. 再取一组龟纹石放在中心的盆景前下方，既挡住了砖块，又丰厚了山体的结构。

8. 作者在中心盆景的底部依次安置两块龟纹石让山体与花瓶有机结合，在两个盆景之间的底部安置一组景石，又在右边增几块景石，起到延伸山体的作用。

9. 在灯饰的盆景左边添加两块高低错落的景石。在中心盆景右下方加一块景石，使山体更稳固扎实。在中心盆景的右前方加上景石，使山体更加富有层次感。

10. 在大理石盆景的左边增加几块形状各异的小景石。

11. 在盆的右边增加数块景石，使山体有蜿蜒起伏的感觉。

12. 在大理石盆右边安置一个青花瓷花瓶盆景，形成具有稳定感的三角形景观。

13. 在景德镇青花瓷百裂花瓶盆景左右均安置了龟纹石，形成灯塔式的造型。

14. 继续在托盘右边的花瓶盆景周边增加几块景石，使之更稳固。

15. 布局完成后进行粘胶，再将植物浇透水继续保养。整个景观完成后可以加上一些配件使作品更富有诗意。

五、盆景养护管理

花瓶盆景造型完毕,后期的管理是至关重要的,它不但要通过各种管理措施来满足盆景正常生长所需要的环境条件,还要通过修剪、蟠扎等技术措施来维护盆景的完美造型。

(一)浇水

花瓶盆景的浇水是养护管理的一项重要工作。生长在花瓶之中的树木,盆土有限,很易干燥,如不及时补充水分,风吹日晒,就会因缺水而枯萎死亡。但浇水不当,水分过多,盆土太湿,根部呼吸不良,也易导致烂根死亡。所以盆景浇水一定要适量,根据季节、气候、树种、盆体大小、深浅、质地等因素来确定浇水的多少、次数和时间。掌握“不干不浇,浇则浇透”的原则。

1.盆土干湿的判断方法

(1)观察盆土颜色　如发现浅盆盆土干白,就表示水分不足;如是深盆,表土颜色干白,中间、底层的盆土可能还是湿润。

(2)观察花瓶叶片色泽变化　一般叶色变浅,叶面有干纹或叶片下垂等现象,表明盆土已过分干燥,出现了脱水现象。这项工作可以用土壤湿度测定计来完成,但更多是靠坚持观察和经验积累来完成。

2.浇水方法

浇水的方法有盆面浇水、叶面喷水、浸泡法3种。

(1)盆面浇水　使用金属喷水壶摘掉莲蓬头或塑料管,将水直接浇到盆土四周,浇满后让水渐渐下渗。如认为浇水不足,可以再浇一次。这是一般正常的浇水办法。

(2)叶面喷水　这是用于配合盆面浇水的方法。因为植物除能以根部吸收水分外,树木的叶、茎等都具有吸水功能。当新上盆花瓶的根部尚未能恢复吸水能力时,应多喷叶面水予以补给。夏秋高温季节,上午浇盆面水,傍晚时喷叶面水。此举除补给水分不足外,还有冲洗叶面灰尘污垢、清洁树体增强光合、提高小环境湿度、降低气温的作用。(图5-1)

图 5-1

(二)施肥

花瓶盆景在不断生长过程中,要从盆土中吸取养分,而盆土的养分有限,不能维持所需营养,为此就应注意补充适当的肥料。

肥料分有机肥和无机肥等。有机肥主要指农家肥和自己制作的腐熟天然肥料,含养分较全,但养分释放慢,故常做基肥。有机肥还能使土壤的团粒结构等理化性状得到改善,增强土壤的吸水、保肥能力,促进土壤中微生物和蚯蚓等小生命的活动。无机肥料又称化学肥料,是通过化学方法生产出来的以无机态形成存在的含氮(N)、磷(P)、钾(K)等元素的肥料。化学肥料养分含量高,成分单一,肥效快,多作为追肥使用。无机肥料可按说明书使用。但长期使用无机肥料易使土壤板结,使土壤的理化性状恶化,有的甚至形成单盐毒害。

树木生长需要氮、磷、钾三要素。氮肥促进枝叶生长;磷肥促进花芽形成,花繁色艳果实早熟;钾肥促进茎干和根部生长,增加抗性。施肥要根据树种而有所不同,松柏盆景不宜多施肥,肥多会使针叶变长,造型变样,影响观赏价值。每年冬季施一次基肥,生长期追施一次薄肥即可。花果类盆景在开花结果前后,应适当施肥,除氮肥外,还要施一些磷肥,如骨粉、米泔水、鱼腥水,使花艳果大。

盆景施肥要注意以下事项:①有机肥或饼肥,不腐熟不施;②浓肥不施,一定要稀释后才能使用;③刚上盆的花瓶,不宜施肥;④雨季、伏天、盆土过湿时不宜施肥。掌握施肥要领,才不致产生肥害。

(三)病虫害防治

花瓶盆景特别是桩景易遭病、虫危害,轻则影响生长,重则导致死亡。多年培养的盆景,一旦毁于病虫,甚为可惜。所以对病虫的防治工作是养护管理不可忽视的任务。花瓶盆景常见的病害有以下几种:

1.根的病害:老桩盆景根部老化,易引起各种细菌寄生,使根部腐烂或产生根瘤病，花果桩景根部病害发生最多。应注意盆土消毒和控制浇水量。

2. 枝干病害：常见有茎腐病和溃疡病，在枝干的表面出现腐烂，干心腐朽，树脂流溢，表皮裂隙，枝条上发生斑点等症状。应及时用药物防治，喷洒波尔多液或涂以石硫合剂。波尔多液用硫酸铜、生石灰及水配制而成，其比例为1∶1∶（100~200），呈天蓝色，宜随用随配，否则放置过久会沉淀失效。石硫合剂是用石灰1千克、硫黄粉2千克加水10千克制成原液，其使用浓度依气候情况而定，初春为波美1度，夏季为波美0.2~0.5度，冬季为波美5度。如病害严重蔓延，需喷洒多菌灵、代森锌、拖布津等杀菌剂。

3. 叶部病害：常见的有叶斑病、白粉病、黄化病等，叶面发生黄棕色或黑色斑点，叶片蜷缩、枯萎、早期落叶等症状。防治方法：叶斑病可摘去病叶，或喷洒波尔多液；黄化病可用硫酸亚铁0.1%~0.2%溶液喷洒叶面；白粉病可用波美0.3~0.5度石硫合剂喷洒。

（四）其他管理工作

1. 遮阳　花瓶盆景根据树种对光照要求不同，大致可分为阳性树与阴性树。阳性树可放在阳光充分的地方，阴性树应放在遮阳的地方。一般在酷热的炎夏，花瓶盆景都应搭棚遮阳。（图5-2）

2. 防寒　树木喜温性和耐寒性不同，其管理措施要注意入冬防寒问题。一般耐寒性强的乡土树种，冬季可放在室外越冬，为防止盆土冻裂，可连盆埋在向阳地下，盆面露出地上。一些不耐寒的树种，如福建茶、九里香、金橘、佛肚竹等，冬季必须移至室内或温室中越冬。

另外还有翻盆及修剪等，因在之前盆景制作过程中已详细介绍，在这里就不重复了。

图5-2

六、花瓶盆景欣赏

1.《锦绣》

树石种:博兰　英德石
花瓶类型:尊式瓶

2.《四季平安》

树石种:龙柏
花瓶类型:斗彩瓶

3.《行云流水》

树石种:罗汉松　英德石
花瓶类型:结晶釉瓶

4.《郑和下西洋》

树石种:博兰　英德石
花瓶类型:书筒瓶

5.《护佑苍生》

树石种：博兰　斧劈石
花瓶类型：景德镇花瓶

6.《左邻右舍》

树石种：米真柏　英德石
花瓶类型：君子淑女瓶

7.《兄弟情深》

树石种:真柏　鸡骨石
花瓶类型:白玉瓶

8.《仙人洞》

树石种:对节白蜡　英德石
花瓶类型:翁式瓶

9.《禅意》

树石种:博兰　英德石
花瓶类型:灯饰莲花瓶

10.《别有洞天》

树石种:博兰　风砺石
花瓶类型:粉彩瓶

11.《花枝俏》

树石种:博兰
红玉石
花瓶类型:粉彩瓶

12.《清幽》

树石种:博兰　红玉石
花瓶类型:报春瓶

13.《洞顶人家》

树石种：博兰　黄骨石
花瓶类型：长颈青花瓶

14.《流金岁月》

树石种：罗汉松　英德石
花瓶类型：流金瓶

15.《初春》

树石种:博兰　英德石
花瓶类型:石榴瓶

16.《一分为二》

树石种:九里香　风砺石
花瓶类型:酒瓶

17.《酒仙》

树石种：博兰　红玉石
花瓶类型：酒瓶

18.《谈今论古》

树石种：博兰　英德石
花瓶类型：结晶釉瓶

19.《生机勃勃》

树石种:豆瓣 英德石
花瓶类型:结晶釉瓶

20.《开门见山》

树石种:小叶榕 英德石
花瓶类型:葫芦结晶釉瓶

21.《相拥》

树石种:小榕树　英德石
花瓶类型:长颈葫芦瓶

22.《跨越》

树石种:革叶榕　龟纹石
花瓶类型:缸式瓶

23.《回眸》

树石种:革叶榕　英德石
花瓶类型:缸式瓶

24.《兴云布雨》

树石种:革叶榕　英德石
花瓶类型:鹅黄长颈瓶

25.《平谷幽榕》

树石种:革叶榕、英德石
花瓶类型;双耳结晶釉瓶

26.《欲上青天揽明月》

树石种:革叶榕　英德石
花瓶类型:朱红长颈瓶

七、花瓶盆景赏析

1.《国泰民安》

树石种:榆树　英德石
花瓶类型:大腹山水瓶

赏析:

这是一款潮州粉彩花瓶。作为盆器的二次创作时,保留了花瓶图案的自然美。瓶内部布局体现了近大远小的透视原理,虽方寸之地,却见山峦参差,山高水长。一棵虬曲苍硕的榆树在山石间扶摇而上,其枝杈简洁有力,树叶疏密得当,树冠宏伟大气。树下有红衣童子与宠物小犬嬉戏。立体的树石与平面的瓶画融为一体,相辅相成,相映成趣。整个作品雍容典雅,生机盎然。

2.《武林雄风》

树石种：榆树　英德石
花瓶类型：梅花报春瓶

赏析：

作者选取了红梅盛开的潮州彩粉花瓶。花瓶的二次创作尊重原图，因势利导，恰到好处。英德巨石凌空而出。遥看一棵百年榆树躯干数围，遒劲古朴，如巨龙探头，犹如雄狮回首，枝叶繁茂，树荫如盖。树下有两名武者，姿态潇洒，在切磋技艺。实乃：百年老树毓新秀，千载武功展雄风。

3.《欣欣向荣》

树石种:罗汉松　英德石
花瓶类型:景泰蓝瓶

赏析:

苍翠欲滴的罗汉松格外抢人眼球。只见它枝叶简洁而茂盛,躯干苍劲呈Y字形,几条裸根紧抓山石,更增强了树的稳固感。乍一看,又像一头威猛的犀牛昂首欲出,傲视苍穹。树下巨石如磐,悬崖高耸,奇特的树石与雍容华贵的牡丹花瓶相拥,呈现出勃勃生机。赋诗赞曰:

立地势如龙,幽幽翠叶风。
节操难更改,不与世俗同。

4.《江山秀丽》

树石种：博兰　英德石
花瓶类型：鹅卵瓶

赏析：

光洁圆润的潮州粉彩花瓶，经过二次创作，两面凿通，近有巨石如磐，远有山岚重叠，既有一种玲珑剔透的精巧美，又有一种山外有山的深远感。一株苍老的博兰，根似龙爪，从巨石间蓬勃斜伸，枝叶翠绿，树影婆娑。树下有人以马步姿态做健身运动。好一派江山秀丽、人民安康的气象。

5.《护佑苍生》

树石种：龙柏　英德石
花瓶类型：赤耳瓶

赏析：

这是经二次创作后两面通透的潮州粉彩花瓶。内置英德奇石，足显江山多姿。又见重峦叠嶂，苍生离离，芳草萋萋。一株龙柏自左至右腾跃而起，然后又自右而左折回，其繁茂的枝叶有一丛苍劲向天宇托举，另一丛倾斜而下荫蔽九州，让人有一种安居乐业的幸福感。诗曰：

一树自瓶中，千年翠色重。

乾坤一捧土，尺寸见峥嵘。

6.《气质高雅》

树石种:翠柏　雪花石
花瓶类型:寒香梅瓶

赏析:

优雅的花瓶,绘有蜡梅怒放的《寒香图》。在花瓶的上部凿开,安置一组雪花石与蜡梅相映成趣。然后植一株翠柏,根若龙爪,虬曲盘旋,自左伸向右边,又向右上折回,柏叶青翠欲滴,枝干婀娜多姿,犹如仙女舞袖,气质高雅。

作品运用高远法构图原理,有一种"自山下而仰山巅"的艺术效果,更增加了翠柏的伟岸气势。同时,立体的树干与平面的蜡梅躯干又形成了S律动的构图关系。

7.《双瓶报春》

树种:勒杜鹃
花瓶类型:双立瓶

赏析:

一对亭亭玉立的粉彩花瓶,两幅红梅盛开的报春图,像一双孪生姐妹活泼可爱。从她们的腹部,左右各伸出一丛苍翠欲滴的勒杜鹃,犹如自天而降的天使的翅膀,一左一右,达到了和谐与均衡。赋诗而赞:

款款两伊人,偕梅乐报春。

杜鹃流绿彩,碧野展清纯。

8.《茁壮成长》

树石种:罗汉松　英德石
花瓶类型:双彩带瓶

赏析:

笔直的圆柱画筒,顺势开挖了高旷的山洞。内置造型独特的英德石,有山高水长的感觉。一株躯干笔直的青年罗汉松倚山而长,枝叶苍翠,生机勃勃。作品预示着年轻一代在民族文化的阳光雨露的滋润之下,积极向上,茁壮成长,前途不可限量。

9.《气象万千》

树石种:博兰　红玉石
花瓶类型:瓢口瓶

赏析:

冰清玉洁、细腻圆润而又前后通透的花瓶,二次创作出朵朵祥云。色彩绚烂的红玉石层层堆积,营造出“无限风光在险峰”的壮丽景观。一株粗壮沧桑的博兰老树自山石间巍然屹立,枝叶简洁清脆,树形气势如虹。树下一对绵羊淡然迈步,氛围恬静。

10.《梅花香自苦寒来》

树石种:博兰　英德石
花瓶类型:长颈瓶

赏析:

前后通透的花瓶,几株彩绘梅花倔强向上,凌寒开放。英德石自然天成,布置得当,有山重水复的感觉。一株饱经沧桑的博兰树,经历了漫长岁月中无数次风雨雷电的袭击,躯干底部完全开裂,然而发达的根系顽强地抱定青山巨石,不断地汲取大地的营养,使得千年老树新枝勃发,生机盎然。

11.《同舟共济》

树石种:博兰　英德石
花瓶类型:景德镇短颈瓶

赏析:

高矮花瓶岩石上,博兰相伴绕前方。

悠闲此地观涛客,共济同舟渡浩茫。

这是一件双瓶式花瓶盆景。两款素雅的景德镇花瓶,一大一小,相偕而立;两棵茁壮的博兰,一老一少,形同父子。瓶下的英德奇石,状若朵朵祥云,遥见宝塔高耸,亭台巧布,隐者闭目端坐。往下看,一湾平湖,微波粼粼,渔帆点点,好一派蓬莱仙境的气象,而其中蕴含着多少相偕相生的故事呢?

12.《锦屏山庄》

树石种:博兰　英德石
花瓶类型:灯饰瓶

赏析:

鸳鸯绿浦上,翡翠锦屏中。素色的花瓶,素色的瓶座,却见通透的瓶腹中土地肥沃,绿草如茵,人物悠闲,岁月静好。一株身姿矫健的榆树在巨石间腾空而起,然后树冠曲折回环,增加了景物的稳定感。

榆树喜光、耐寒、耐旱、耐瘠薄,适应性很强,生于富庶之地,则根深叶茂,荫庇山庄,福祉绵长。

13.《仙客访松》

树石种:罗汉松　英德石
花瓶类型:陶瓶

赏析:

陶瓶大小美红颜,松树为何寄此间?

仙客悠然来静处,风光宝地不知还。

这是一件多瓶式花瓶盆景。三个大小不同、形状近似的陶瓶参差布置,借助三个非常适宜的小环境,三株罗汉松枝叶茂盛,苍翠欲滴,各自躬身招手,热情欢迎仙客的到来。作品构思巧妙,制作精致,营造出静谧、和谐的氛围。

14.《人间仙境》

树石种:博兰　英德石
花瓶类型:结晶釉花瓶

赏析:

这是一款名贵的结晶釉花瓶,外表流光溢彩,富丽堂皇;腹内呈岩溶地貌特征,山势高峻奇险,寺塔隐约,僧人打坐,有人间仙境的神秘感;山下芳草萋萋,羊犬悠闲,一派祥和。最具活力的是瓶口瓶腹均植有博兰,苍翠繁茂,上下呼应,绿意盎然,引人入胜。

15.《闹春》

树石种:榕树　英德石
花瓶类型:石榴瓶

赏析:

白鸟悠悠下海滨,榕枝百态倚瓶身。

邻家稚子放鞭炮,五岳三山齐闹春。

像弥勒肚一样的大红彩瓶上,衣着五颜六色的几个孩童,兴高采烈地放炮仗。一棵树突如球、虬曲向上的榕树,颇似炮仗漫天开花的样子,片片绿叶,传达着春的气息。动感之下,英德石静卧,大理石盘舒展,春风携着喜庆扑面而来。

16.《江山多娇》

树石种:虎刺梅　英德石
花瓶类型:美人肩瓶

赏析:

温润如玉的景德镇花瓶与洁净无瑕的汉白玉石盘相辅相成。自然天成的英德山石把花瓶与石盘连为一体。但见群山耸峙,连绵不绝。

山脚下碧水环绕,红帆点点,江天一色。夺人眼球的还是那几株虎刺梅,从山石间勃然而开,风姿绰约,让人耳目一新。李白诗云:

犬吠水声中,桃花带露浓。

树深时见鹿,溪午不闻钟。

17.《雅俗共赏》

树石种：罗汉松　英德石
花瓶类型：淑女瓶

赏析：

这是一款洁白温润的景德镇花瓶，置于镂刻的精致几座上，从一侧可看到瓶内山势高耸，苍茫如黛，一株枝叶健硕的罗汉松在玉瓶黑石的映衬下更显得苍翠欲滴，给人一种幽静高雅的感觉。旁边一只金毛小犬憨态可掬，正对着瓶内的景物，好奇地张望。作品动静有致，简洁明了，雅俗共赏。

18.《雍容华贵》

树石种:博兰　英德石
花瓶类型:长颈瓶

赏析:

唯有牡丹真国色,

花开时节动京城。

花瓶的牡丹彩绘鲜艳夺目,潇洒大气。但见瓶腹内绿草如茵,巨石如磐,一株貌似百年沧桑的博兰,植于山石之间,龙爪突出,盘根错节,枝干虬曲苍劲,扶摇而上,蓊蓊郁郁,气质非凡。作品大胆布白,使小小瓶腹有空旷之感。

19.《仙风道骨》

树种：龙柏
花瓶类型：圆柱牡丹瓶

赏析：

圆柱形花筒，绘有雍容华贵的锦鸡牡丹。一株龙柏倾斜而出，但见其躯干虬曲健壮，扶摇指向苍穹，青翠欲滴的枝叶向四周散开，呈仰观天象之姿；中间一枝优雅下伸，像热情迎客的长袖，颇具仙风道骨。乍一看，龙柏与锦鸡牡丹相互交融，红绿互映，疏密得当，动静成趣，相得益彰。

20.《正气俨然》

树种:龙柏
花瓶类型:圆柱牡丹瓶

赏析:

圆柱形花瓶具有挺拔伟岸的身躯。一株枝干粗壮的龙柏从瓶的上端斜挺而出,枝叶苍翠,层层叠叠,其中一枝倾泻而下,有接地连天的气势。作品枝斜瓶直,均衡稳定,凭借柱瓶的衬托,表达了柏树坚韧、正义、高寿的独特寓意。

21.《平安是福》

树石种:榕树　英德石
花瓶类型:缸式瓶

赏析:

《神童诗》曰:

居可无君子,交情耐岁寒;

春风频动处,日日报平安。

一款古色古香的景德镇梅花瓶,二次加工时在瓶腹按大苹果的图案切开,瓶与苹的寓意都是平安,表达了“平安值千金”的普世追求。

平安只有相对于生命才显示出其宝贵的意义。瓶腹中植有一株丰满健硕的榕树,枝叶青翠,蓬勃而出,以顽强的生命力彰显了平安祥和的氛围。

22.《生生不息》

植石物：博兰　红玉石
花瓶类别：青花葫芦瓶

赏析：

这是一款呈葫芦状的景德镇青花瓷瓶，置于精雕细刻的几座上，更显得气质高雅。色彩斑斓的红玉石参差重叠，自葫芦大腹巧妙地延升至上边的小腹，形成上下呼应、山水连绵的美景；底下一株苍老的百年博兰，稳如须髯飘飘的根祖，繁衍出半腰的几株子孙，传递出生生不息的发展希望。整组作品的重叠设计，传递出山外青山楼外楼的深远感。

23.《江山如画》

树石种:勒杜鹃　英德石
花瓶类型:潮州粉彩瓶

赏析:

作者匠心独运,选取了洋溢着国色天香、华美风情的潮州花瓶,以形状奇特的英德石营造出典型的喀斯特地貌。苍翠葱茏、红花盛开的勒杜鹃把山石装点得生机勃勃。在汉白玉石盘的烘托下,可见溶洞深邃,水波荡漾,天鹅戏水,渔歌阵阵。作品的重点"笔墨"在石盘左侧,右边空出较大空间,是作者的布白之笔,更显出江天高远的意境。

24.《别有洞天》

树石种：博兰　红玉石
花瓶类型：美玉瓶

赏析：

一款古色古香的青色花瓶，经二次创作腹部通透，瓶腹中用奇石与博兰精心营造出一派祥和安宁的山水田园风光，犹如世外桃源。桃源洞口置一块方形红玉石好像镇园之宝，可谓匠心独运。

整幅作品，干净利落，小中见大，内涵丰富，别具一格。

25.《天地之间》

树石种:博兰、英德石
花瓶类型:书筒瓶

赏析:

这款筒状花瓶色调素雅,上宽下窄,有一种天圆地方、气宇轩昂的感觉。瓶的中部开口,英德石嶙峋,博兰树苍翠,树石氛围与花瓶图案浑然一体。象征天道威严,人性崇高。

26.《红叶吐翠》

植石物:博兰　红玉石
茶壶类别:藏蓝粉彩瓶

赏析:

玉在山而木润,
石韫玉而山辉。

作品中的红玉石呈鲜艳的洋红色,质地坚硬,纹理细腻,形态平实,寓意富贵吉祥。它置于以藏蓝为主色调的粉彩瓶中。红玉石间有一棵笔直的博兰树桩,桩顶的博兰树枝叶茂盛,疏密有致。作品中红、绿、蓝、白对比强烈,更衬托出博兰树苍翠欲滴的勃勃生机。

27.《渔舟唱晚》

树石种;米真柏　英德石
花瓶类型:灯塔瓶

赏析:

青色的景德镇花瓶,黛灰的英德石,苍翠的米真柏,大红色的山门,光洁如镜的湖面,沉静垂钓的渔翁。这一切虽然各自独立,但是在作者的精心布置下,比例得当,互为依存,浑然一体,烘托出静好祥和的生机和氛围。

28.《绿瘦红肥》

树石种：六月雪　英德石
花瓶类型：棒槌瓶

赏析：

绿树红瓶伴水涯，白鹅悠晃不还家。

真如仙境清风远，谁共江前看落霞，

这是一款大红色的景德镇花瓶。细高的瓶颈恰到好处地修饰了肥硕的瓶腹，再配上鲜艳的牡丹，呈现一种富态的美。作者独具匠心地栽植了六月雪。六月雪是观叶又可观花的植物。6月白花盛开，似满树雪花，远看如银装素裹，故而得名。其清瘦的枝叶与富态的花瓶，正好颠覆了古代才女李清照描写的绿肥红瘦。

29.《和平万岁》

树石种:龙柏　英德石
花瓶类型:葫芦瓶

赏析:

该作品选取了造型独特的葫芦花瓶,中间以暖色为主,底部大葫芦饱满宽阔,以绿色寓意大地;上部蓝色的小葫芦又像一颗流线型火箭直指苍穹,与天空融为一体。花瓶中部植一株龙柏,苍翠繁茂,蓬勃而出,好似火箭喷出的烟雾。再看瓶腹之中,重峦叠嶂,深远莫测。作品呈现一派岁月静好的风光,更反映出人们祈求永远和平的美好愿望。

30.《万古长青》

树种:蓬莱松

花瓶类型:双猴瓶

赏析:

作者选用了一款造型标致古朴,翠绿与中蓝晕染一体的双耳花瓶。花瓶的双耳造型是两个顽皮可爱的猴子,增加了作品的灵气。

蓬莱松的枝叶从花瓶一侧蓬勃伸出,青翠欲滴。该树四季常青,清香宜人,既可净化空气,怡人身心,又是富贵吉祥的象征。李商隐诗云:高松出众木,伴我向天涯。蓬莱松更是高人雅士的最爱。

31.《一桥飞架》

树石种:黄杨　英德石
花瓶类型:美人瓶

赏析:

作者把大口短颈青色高瓶,设计成开放式的空间,内部铺设植土,栽培着枝叶茂盛、造型优美的瓜子黄杨,在苍翠的绿树后面设置了一个月亮,再往深处想象就是一个大宇宙,然后把花瓶安置在椭圆形的大理盆的右侧。再选用数块精美的英德石镶嵌在花瓶的下部形成祥云般的效果,盆的左边堆砌着错落有致的英德石小石坡,最巧妙的手法是将一块条形的英德石横跨在两侧的景石上,悬空在大理石盆的上空形成一道彩虹般的天桥,湖面上舫船点点,一派江南水乡的动人美景。

32.《登月梦》

树石种：博兰　英德石
花瓶类型：球式瓶

赏析：

作者把大口颈暖色瓷缸，设计成开放式的空间，在有限的空间，创造出无限美景。瓷缸内部铺设植土，栽培着枝叶茂盛、造型优美的博兰。博兰树下，绿草如茵。在苍翠的绿树后面设置了一轮明月，再选用数块精美的英德石镶嵌在花缸内部，形成朵朵祥云。凝神注视，天幕深邃，你宛如面对浩瀚的宇宙，不由发出“明月几时有，把酒问青天”的天问，并生出“我欲乘风归去……”的探索宇宙的宏愿。

33.《翠报平安》

树种:米真柏
花瓶类型:斗彩瓶

赏析:

这是一款景德镇斗彩绘制的人物仿古花瓶,描绘细腻,人物生动,古朴典雅而又雍容华贵。内植文武柏一棵,枝叶繁茂,状若伞盖,既有荫蔽九州的宏伟气势,又有护佑苍生的吉祥寓意。瓶平同音。正是:文武传久远,苍翠报平安。

34.《畅想宇宙》

树种:博兰
花瓶类型:结晶釉瓶

赏析:

瓶美当属结晶釉,山奇莫过风砺石。

玲珑小景含宇宙,虬曲博兰舞秀姿。

一株疏密有致、枝干虬曲苍劲的博兰小树,穿过状若彩云的风砺石,自温馨富态如贵妇人般的结晶釉花瓶内破腹而出。其枝叶茁壮,昂首向天,表达了脚踏实地、仰望星空、畅想宇宙的美好愿望。

35.《青花翠柏》

树石种:米真柏　英德石
花瓶类型:青花葫芦瓶

赏析:

该作品选用了中华陶瓷工艺的珍品——青花瓷。原始造型优美流畅,二次制作精巧别致。风砺石纹理清晰,形状奇崛,色彩耐人寻味。文武柏旁逸斜出,曲折向上,表现出英勇顽强、不屈不挠的精神风貌。青花翠柏盆景,仙风道骨,风光无限。

36.《翠山祥云飞》

树种:米真柏　红玉石
花瓶类型:美人瓶

赏析:

峦翠木白云飞,绿满玉瓶草色肥。更喜东来紫气闹,天工巧夺迎春晖。

37.《深圳精神》

树种:榆树　英德石
花瓶类型:宽容瓶

赏析:

花瓶古代称瓶花,是用以插放鲜花来装饰环境的艺术品。我们将其创新制成“花瓶美景”,首先选用中国的瓷都潮州盛产的花瓶作为载体,把封闭式的瓶胆设计成开放式的空间,用广东英德石来堆砌山体并安置农舍,配置人物享受大自然的风光,山坡上栽植三棵错落有致的榆树。此次采用“脱衣换景”的制作技法,展前将三棵榆树的叶子全部摘掉,让观众能彻底看清树形的美,在展期内不断冒出的新嫩的枝叶显现春天的气息。

38.《福禄寿宁》

树石种:罗汉松　英德石
花瓶类型:双耳瓶

赏析:

南极老寿星,龟鹿鹤三朋。

常悟菩提树,因缘梦幻中。

一对大小不一的陶瓶,苔渍斑斑,印证了岁月的沧桑。茂盛的罗汉松下,簕杜鹃旁,寿星老人慈颜善目,前额高耸,花白的须发随风飘逸。背后可爱的童子嬉笑中献上了蟠桃,呈现一派福寿康宁的景象。

39.《花开富贵》

树石种：博兰　英德石
花瓶类型：白牡丹瓶

赏析：

此作品采用博兰树种，古朴苍劲，虬曲多姿，叶小常绿，花繁果硕。植于石湾花瓶，该瓶宝蓝色底釉，绘有雍容典雅的白牡丹；精美花瓶与英德奇石互倚互生，浑然一体，状若祥云缭绕，喻家庭祥和，事业兴旺。背景悬挂工笔水仙，水仙乃我国十大名花之一，亭亭玉立，超凡脱俗，象征思念与团圆。景画互衬，相偕成趣，使人心生无限敬意与幸福感。

40.《平谷幽兰》

树石种:博兰　英德石
花瓶类型:双耳瓶

赏析:

该作选树博兰,植于林鸿鑫先生创作的景德镇花瓶中。几株虬曲多姿的博兰由花瓶腹部喷薄而出,活力四射。衬以状若朵朵祥云的英德奇石,峰峦叠嶂,亭台高建。大理石盘左侧有离岛般山石与主峰成犄角之势,起稳定作用。湖面上画舫缓游,渔歌互答。作品呈现出人间仙境、高士居所的神秘感。背景悬挂工笔兰花。“美人胡不纫,幽香蔼空谷”,正是该作品清幽高洁的主题。

41.《甘露》

树种:蓬莱松
花瓶类型:双猴瓶

赏析:

该作精选蓬莱松植于特殊加工过的结晶釉花瓶中。蓬莱自古就和仙境和文章连在一起。"此去蓬莱无多路""蓬莱文章建安骨"。蓬莱松颇具仙风道骨,为文人雅士所钟爱。该株蓬莱松虽自瓶腹旁逸斜出,却又倔强向上。瓶松一体,象征着万古长青的生命活力和聚仙凝气的神奇风水。背景为工笔国画,坐莲菩萨,佛光普照,景致清幽,佛景互映,气象万千。

42.《采菊东篱》

树石种:罗汉松　鸡骨石
花瓶类型:景泰蓝瓶

赏析:

此作品树种为罗汉松。顾名思义,松如罗汉。罗汉者,六根清净,烦恼已断,是修行所能达到的最高果位。古人植罗汉松于庭院,视为官位及财富之守护神也。千年罗汉松在著名的石湾瓷瓶与鸡骨石间苍翠繁茂,顶天立地。背景悬挂工笔菊花,营造出一幅幽静宜人的山水田园图,侧耳细听,陶渊明的诗句随着松风水气飘来:

结庐在人境,而无车马喧。
问君何能尔? 心远地自偏。
采菊东篱下,悠然见南山。
……

参考文献

[1]赵庆泉.中国盆景造型艺术分析[M].上海:同济大学出版社,1989.
[2]李金林.中国微型博古盆景[M].北京:万里机构出版社,1991.
[3]冯先铭.中国陶瓷[M].上海:上海古籍出版社,2001.
[4]李树华.中国盆景文化史[M].北京:中国林业出版社,2005.
[5]宋伯胤.无光荣,黄建亮.中国紫砂收藏鉴赏全集[M].长春:吉林出版社,2008.
[6]韩玮,中国画构图艺术[M].济南:山东美术出版社,2010.
[7]林鸿鑫.中国树石盆景艺术[M].合肥:安徽科学科技出版社,2013.
[8]李霞.花瓶谱·瓶史[M].南京:江苏凤凰文艺出版社,2016.
[9]林鸿鑫.张辉明.陈习之.中国盆景造型艺术全书[M].合肥:安徽科学技术出版社,2017.
[10]陈习之.何雪涵.程丽娟.紫砂壶盆景艺术[M].合肥:安徽科学技术出版社,2015.
[11]王建华.彩绘瓷·收藏鉴赏百科[M].北京:华龄出版社,2010.
[12]李文跃.景德镇粉彩瓷绘艺术[M].南昌:江西高校出版社,2004.